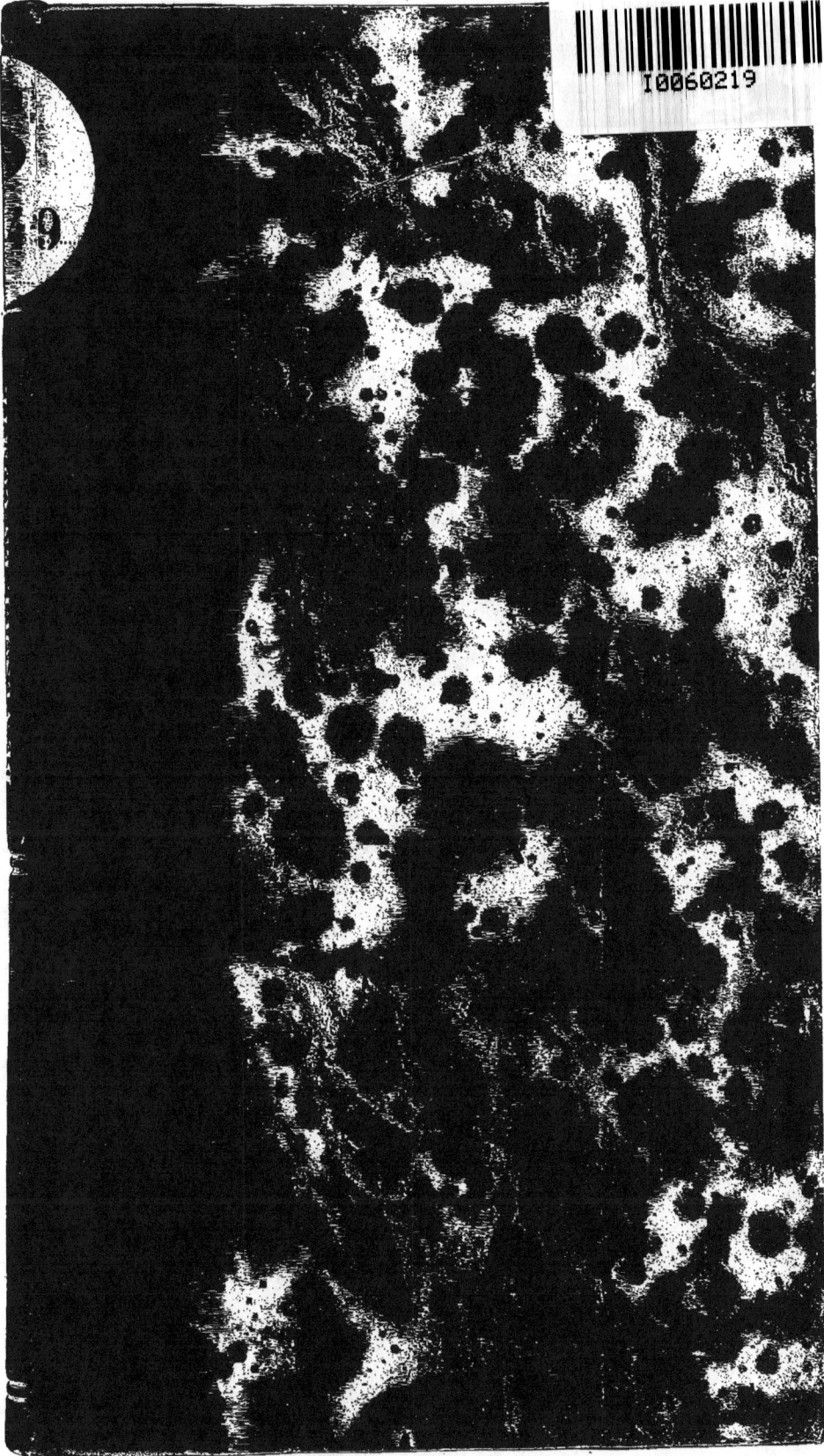

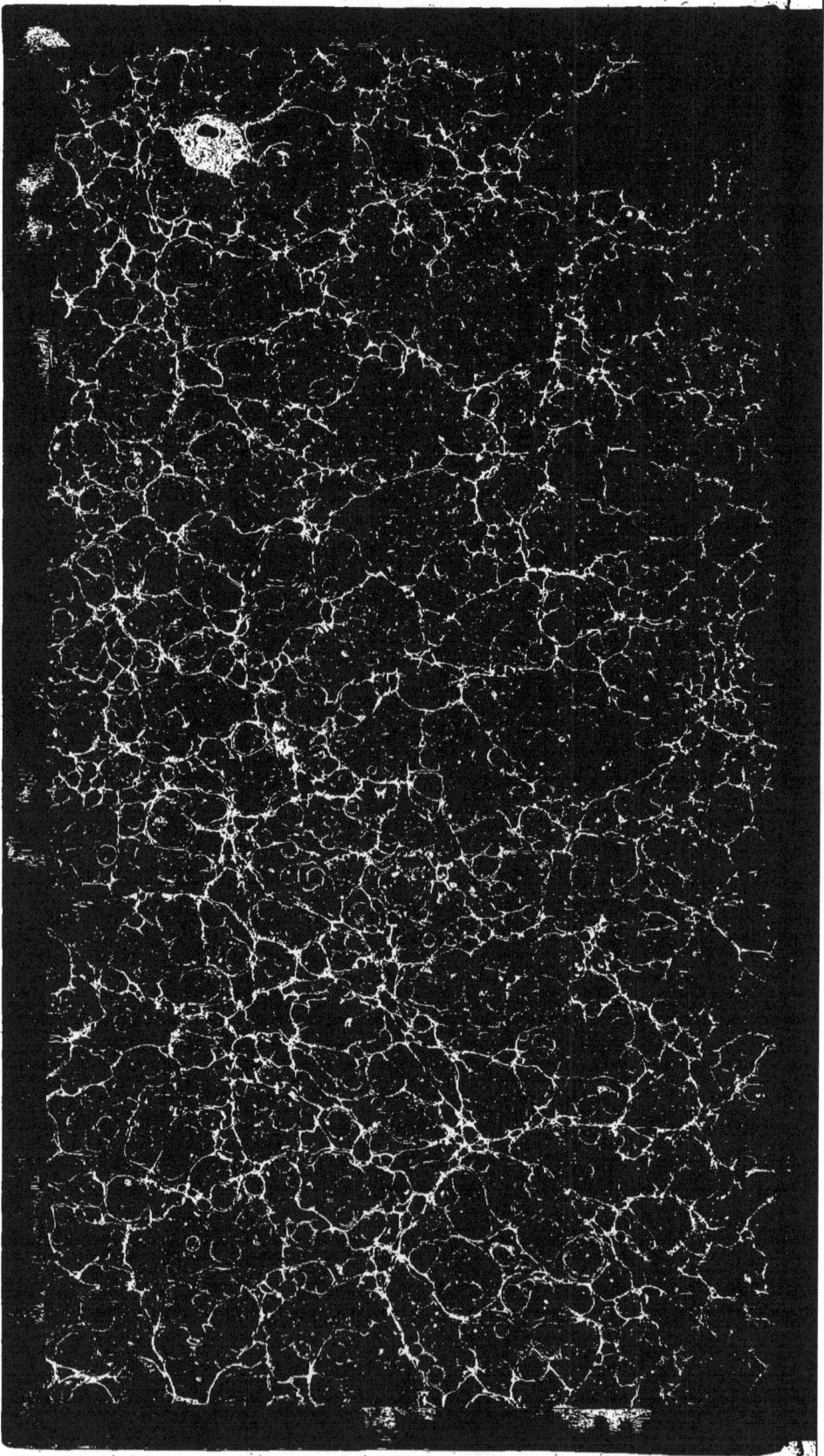

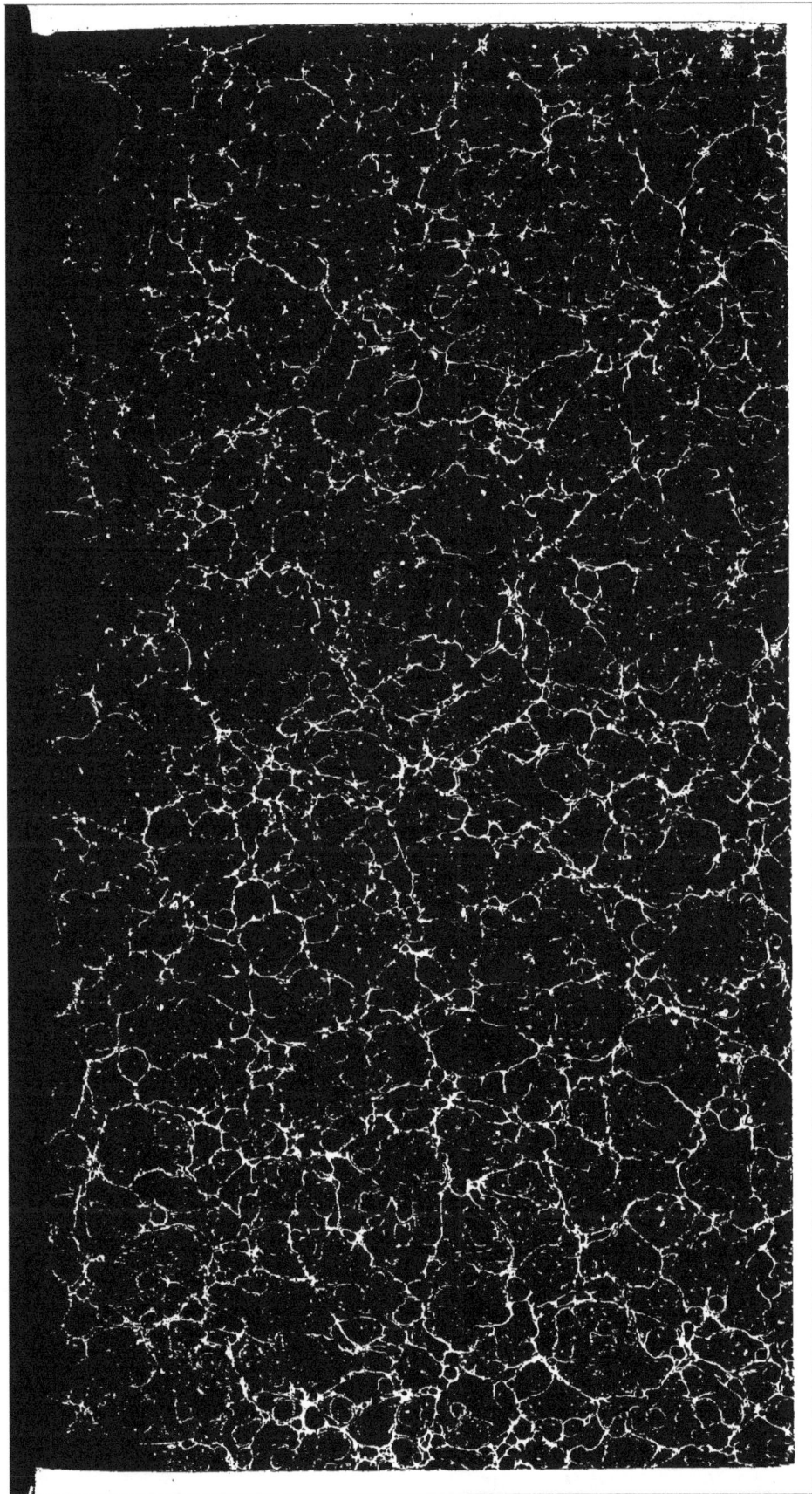

DISCOURS

SUR

LES EAUX

MINERALES

DE VESOUL,

EN COMTE'.

A VESOUL,

Chez JEAN DIGNOT, Imprimeur &
Libraire de la Ville & du College,
Fauxbourg d'en-bas.

MDCCXXI.

AVEC PERMISSION.

DISCOURS

SUR LES EAUX
Minerales de Vesoul en Comté.

POUR répondre, MONSIEUR, à l'honneur de la demande que vous m'avez faite touchant les Eaux Minerales que l'on a découvert, il n'y a pas long-tems, au voisinage de nôtre Ville, & qui commencent à faire du bruit dans le monde ; je souhaiterois pouvoir vous marquer avec autant d'érudition & de politesse,

A ij

comme je le ferai en toute verité & fincerité, qu'elle en eft
la nature, & ce que l'on en a
reconnu jufques icy. Vous ferez perfuadé que la chofe n'eft
pas tout-à fait indigne de vôtre curiofité; & que les effets
tous particuliers que l'on y remarque tous les jours, méri-
rent bien que l'on y faffe des
réfléxions, qui ne vous doivent
pas être ennuyeufes, non plus
qu'inutiles au Public.

C'eft le pur hafard qui a fait
une fi précieufe découverte.
Quelques Payfans ayant mis
des buiffons en plain, s'y font
allés loger pour y labourer la
terre, & y chercher dequoi
vivre : & comme il n'y avoit
pas des eaux, ils y ont creufé
un puits, tant pour fervir à leur
ufage, que pour abreuver leur
bétail.

Ils se sont servis pendant quelques-tems de cette Eau, sans y faire autre réflexion ; cependant à la suite ils ont remarqué que lorsqu'ils en bûvoient un peu plus qu'à l'ordinaire, ils avoient le ventre fort libre, ne sçachant à quoi en attribuer la cause ; & lorsqu'ils s'en servoient pour leur soupe, elle devenoit amére, étant obligés d'aller chercher pour cet usage de l'eau aux lieux plus éloignés. Ces Paysans se sont aperçûs aussi que quoyque leur bétail eût beaucoup bû dans les ruisseaux les plus proches, il venoit encore avec une avidité singuliere boire des Eaux de ce puits, qu'il paroissoit s'en porter beaucoup mieux, & même engraisser. Il est à remarquer qu'il n'en

est point mort en cet endroit
pendant la mortalité generale
des bêtes. Une autre remarque qu'ils ont faite encore, est
que lorsqu'ils ont mis de cette
Eau dans leur lait, ou que même ils en ont lavé les vases où
ils ont coutume de le mettre,
ils trouvoient leur lait caillé
& coagulé, & étoient obligés
de se servir d'autre eau à cet
usage.

Ce qui ayant été raporté à
Messieurs nos Magistrats, ils
ont prié Messieurs nos Medecins d'en vouloir faire l'Analyse, & un examen particulier,
afin d'en bien connoître les
propriétés & la nature, qui
suivant toutes les aparences de-
voient avoir des qualités ca-
chées, qu'il seroit bon de mettre au jour, aprés en avoir re-

connu l'essence & les vertus.

On s'est à ce sujet transporté sur les lieux ; on en a fait vuider le puits, où l'on a trouvé trois sources abondantes. L'on a pris des Eaux séparément de chacune ; on les a fait évaporer à pellicule, aprés les avoir filtrées par le papier gris : Il s'est trouvé dans deux pintes, six gros de sel, dont il n'est pas facile d'expliquer la nature ; il a de la salure au goût, tirant sur l'amer, de couleur grisâtre, avec quelque acreté. On en a envoyé en plusieurs endroits, même à Montpellier, à ceux que l'on a crû experts en Chymie, & qui n'ont pas bien sçû en déveloper les principes.

Monsieur Duclos préposé au sujet des Eaux Minerales par

Meſſieurs de l'Academie des Sciences, a fait un Traité achevé de toutes les Eaux du Royaume, & donne la prérogative au Sel qu'elles contiennent, pour tous les effets ſurprenans que l'on voit en arriver ; il ſe trouve que par l'Analyſe qu'il en a fait, il n'y en a pas une qui ſoit impregnée d'une ſi groſſe quantité de Sel que les nôtres, & qui aye tant d'éficacité & d'activité. A la verité elles ont chacune en particulier leur merite, pour differentes maladies ; les unes pour les maladies chaudes, les autres pour les froides, l'on en peut faire le choix, ſuivant le beſoin & l'avis d'un bon Medecin.

Quant à la nature du Sel que ces Eaux contiennent, il

en eſt de cela comme de beaucoup d'autres choſes dans le
monde ; l'expérience qui eſt
la maîtreſſe des choſes , eſt celle qui nous en doit donner le
plus d'éclairciſſement, & à laquelle, aprés pluſieurs recher-
ches curieuſes, on eſt obligé
de toûjours ſe raporter ; la plus
grande part de la Medecine
n'eſt venuë que par cette voie,
& elle n'a pris ſes principes &
ſes connoiſſances que par là.

Per varios uſus artem experien-
tia fecit.

Il eſt conſtant & certain que
l'effet de ces Eaux que nous
allons raporter , ne peut provenir que de ce Sel qu'elles
contiennent, & que l'eau n'en
eſt que le vehicule : mais il eſt
auſſi certain qu'il eſt bien dif-

ficile, pour ne pas dire impoſ-
ſible, de dire au juſte qu'elle
eſt la nature de ce même Sel,
& quelles ſont les parties qui
le compoſent (n'étant pas pro-
bablement un ſel ſimple.)
Nous voyons que pluſieurs ſels
mêlés & joints enſemble, font
un effet bien different de celui
qu'ils font en particulier &
étant ſeparés : un ſel mêlé
avec un autre ſel fait un changement de tiſſure & de figure
qui produit auſſi un effet bien
different de celui qu'ils auroient produit ſeparément l'un
de l'autre. Le Mercure ſubli-
mé qui eſt un poiſon des plus
preſents, nous en eſt un argument ſenſible, puiſque le même Mercure étant dulcifié par
le mélange d'un autre Mercure crû, change tout-à-fait

de nature, & devient d'un poifon qu'il étoit, un remede falutaire, par le changement de la tiffure, des molecules & arrangement de fes parties.

Et qui peut fçavoir de combien de fortes de fels il y peut avoir dans ces Eaux? il peut y en avoir plufieurs tous réünis dans un corps; il faut donc s'en raporter aux effets que nous voyons en provenir, & tirer des confequences par les operations que la nature fait par leur moyen; c'eft ce qui a fait dire à ce fujet à un des plus habiles Auteurs Spargiriques de nôtre tems : *Vires aquarum pro diverfitate commixtorum mineralium decernendæ, in quibus tamen cum impoffibile fit in accuratam & penitiorem earum devenire mix-*

*tionem, experientiæ potiores par-
tes dandæ funt.*

On a examiné de tout tems
la nature des Métaux, & des
Mineraux, fur la connoiffance
defquels l'on a travaillé dans
tous les fiécles ; mais particu-
lierement & avec plus d'affi-
duité dans celui-cy, & fur tout
encore fur le chapitre des Eaux
Minerales, qui en tirent leurs
qualités, qui ont aujourd'hui
une grande vogue, & par le
fecours defquelles l'on trouve
beaucoup de guérifons, aprés
les avoir cherché inutilement
dans les autres genres de Remedes.

Et comme il y a plufieurs
fortes de ces Eaux, & bien
differentes entre elles mêmes;
il eft trés difficile d'en recon-
noître la nature particuliere.

Il y en a des chaudes, & parmis ces chaudes, il y en a de bien differentes nature, selon la diversité des Mineraux qui entre en leur composé, les unes étant bitumineuses, les autres salées, d'autres sulphureuses, les autres nitreuses, lesquelles different encore entre-elles par la differente mixtion de ces Mineraux dont elles participent plus ou moins. Il y en a aussi des froides, dont les effets different aussi beaucoup de ceux des chaudes. Le même Auteur dont j'ay déja parlé, en recherchant leur essence dit.

Mineralis illa essentia, nihil esse videtur aliud quam spiritus mundi in terræ gremis conceptus, inibi pro varietate matricis vel locorum, in hanc vel illam naturam mineralem prout illa à naturâ naturante naturata fuerit transplantatus, aqueoque liquore ceu vehiculo commixtus.

Les Eaux dont j'ai à vous parler font de la nature des froides, & n'ont aucune difference entre l'eau commune des autres puits, foit pour l'odeur, la couleur & le goût, à la réserve qu'elles ont aprés les avoir bûës, comme un petit goût de fer, & font un peu douceâtres, ce qui cependant ne fe reconnoît guéres qu'aprés quelque réflexion que l'on y fait beaucoup de ceux qui en boivent, n'y trouvant rien que de commun avec les autres Eaux de puits.

Les Philofophes de tout tems ont donné une groffe gehen-

ne à leurs esprits, pour sça-
voir d'où venoient les Eaux,
& quelle en étoit l'origine ;
les uns ayant voulût que les
Fontaines & les Fleuves vien-
nent des vapeurs, qui étant
condensées, sont resoutes en
pluyes ou en neiges, & en con-
tinuent le cours tel que nous
le voyons, qui est perpetuel.
D'autres veulent qu'elles vien-
nent de la Mer, & que par un
mouvement circulaire, les
eaux de la Mer par benefice
de pression, rentrent dans la
terre, ressortent par les con-
duits qu'elles y trouvent en
passant par ses entrailles ; de
maniere que dans la Terre la
Mer est l'origine des Fontaï-
nes, & sur la Terre les Fontaines constituent l'origine de
la Mer. Voici la pensée d'Arias

Montanus, qui a beaucoup travaillé fur cette matiere.

Per media terræ viscera certas canales venarum instar Deus deduxit, vel lapide, vel cretâ, vel aliis bitumine munitas, interdum ampliores, angustiores alios, & aliquando spongiæ instar habentes, aut per tophum, aut per arenam immissum humorem, nunc excolaturos, nunc copiose exceptum contenturos atque continuatis viis promanare permissuras, horum canalium initia abyssso adnectuntur, postremi fines ad superficiem usque terræ pertingunt, prima capita laxiora sunt qua susceptus liquor abunde subire possit, postremi vero fines plerúmque angustiores, intermediæ partes variæ, jam laxæ, jam angustæ

*tæ pro naturâ & oportunitate
globæ ſaxi, arenæ, argillæ,
vel tophi, atque Spiritu Elohim aquorum facies perpetuo
movente & agitante liquor in
canales vicinos ſuccedit, canales vera ſemel ſubiens retror-
ſum verti aut refluere non va-
let, tum propter abyſſi ambien-
tis magnam molem, tum propter ſuccedentis retro liquoris,
& à Spiritu Elohim, aut alias
à vento repulſi vim, cui ut ce-
dat per continentes canales pro-
fluit, ſive illos decliviores, ſive paulatim ſeſe attollentes
nanciſcatur, deinde aut in edi-
tiore montium jugo, aut in de-
preſſiore convalle & campo ja-
nuam quâ erumpat invene-
rit.*

Que s'il y a beaucoup de
difficulté de ſçavoir quelle eſt

l'origine des Eaux communes,
il n'y a pas moins de peine à
découvrir quelle est celle des
Eaux Minerales. L'on a crû
long tems qu'il y avoit des
feux & des fournaises soûter-
raines, qui fournissoient un
aliment perpetuel aux Eaux
chaudes, qui durent depuis
tous les tems dans le même
état. Mais outre qu'il est difficile de s'imaginer qu'il y
puisse avoir de ces feux, il n'est
pas probable qu'ils puissent
subsister dans le centre de la
Terre sans air, où ils devroient
être étouffés. Ceux-là paroiss-
sent avoir plus de raison, qui
pensent que la chaleur de ces
Eaux est produite par une maniere défervescence, telle qu'elle arrive par le rencontre de
deux sels contraires, l'acide &

l'alkali lorsqu'ils fermentent ensemble, ou lorsque l'on jette de l'eau sur la chaux vive.

Monsieur Rochas fort curieux sur cette matiere, nous en donne une démonstration Physique, par l'expérience qu'il en a faite, ayant rencontré une fontaine d'eau chaude aux Alpes dans la Suisse, il fit foüir jusqu'à la source, où il rencontra une eau salée, participante d'un acide moderé; elle étoit froide sans chaleur. Ayant suivi cette fontaine dans sa course, il rencontra une veine de soufre, à laquelle cette eau salée étant parvenuë & se mêlant, y faisoit une ébullition & une effervescence avec chaleur, ce qui est un argument convaincant qu'elles prennent leur naiſſance de cette ſorte.

Cette penſée étoit déja de Démocrite, que Paracelſe a ſuivi dans ſon tems.

Il en eſt à peu prés de la maniere pour les Eaux froides, l'eau paſſant par les canaux & détours de la Terre, ſe charge & s'empreint du ſel central & ſubtil, & trouvant à ſa rencontre des métaux & des mineraux, comme les mines de fer, de vitriol ou de nitre, ſel gemme de cuivre, plomb & autre, les diſſoud, & les entraine avec ſoy; & c'eſt ce qui donne les qualités à ces mêmes Eaux; car à raiſon de cet eſprit ſubtil & acide, elles ont la qualité d'inciſer, découper, ouvrir, réſoudre, pénétrer, tenant de la nature des Mineraux auſquels elles font alliées.

Celles dont nous parlons paroiffent être de cette nature, & par le moyen du fel dont elles font remplies, elles ont les proprietés cy-deffus nommées. Que fi l'on ne peut mieux raifonner de ce qu'elles contiennent que par leurs effets, je penfe qu'elles abondent en fel nitre, qui tient beaucoup de ces qualités. Monfieur Darthomannus Profeffeur à Montpellier, dans le docte Traité qu'il a fait des Eaux de Baraluë, parle du nitre dans ces termes :

Temperamentum nitri medium inter fal & aphronitrum ob id ficcum (ut omnium foffilium) tertiò gradu, calidum fecundo, fecunda ejus qualitas eft digerens, diffecans, exte-

nuans, incidens, detergens, purgans, oxyporia, pútredinem arcens; tertia crassos, lentos, contumaces, humores, vapores flatus etiam ex longe distantibus corporis partibus, intus assumptum, foris admotum emendat, ventriculo noxium non est ut patet ex Galeni diaspolitices compositione.

Nous trouvons tous ces effets dans nos Eaux, & par conséquent nous pouvons inferer qu'elles sont impregnées d'un sel nitreux dominant, qui a ces proprietés; elles pouroient cependant participer encore de quelque autre sel, comme Vitriol ou Mars, puisque à la source y mettant de la noix de galle, elle teint l'eau, ce qui marque qu'elle en contient un esprit volatil, ce qui

n'arrive pas étant tranfpor-
tées.

Un Auteur moderne paroît
entrer dans ce même fenti-
ment touchant les proprietés
du nitre, dans le Traité qu'il
a fait fur les differens fyftê-
mes des Fiévres, & dit de ce
genre de remede, font les ma-
tieres qui précipitent les acides corrompus, en les con-
traignant de s'échaper par les
filtres & les émontoires com-
muns, principalement par les
voyes de l'urine, & qui cor-
rigent auffi les irrégularités ou
qualités dépravées des liqueurs,
en chaffant par les mêmes rou-
tes celles qui ne peuvent recevoir de meilleures difpofi-
tions, quoique les Medecins
ayent coutume de choifir ces
remedes indifferemment en-

tre les acides, les sulphureux, & les lixiviels ; cependant ceux qui font modérement acides ou nitreux, ou qui réfultent d'un mêlange d'alkali, & d'acide, comme on le remarque dans le tartre vitriolé, rempliffent mieux icy les indications, vû qu'il y a grande aparence que les fubftances actives de nôtre corps font toutes réparées par un aliment nitreux ; c'eft à dire, qui tient de l'acide & du falé volatil, enforte que les défauts de cette machine ne peuvent guéres être réparés que par des médicamens doüés de ces deux facultés. De plus, lorfqu'il arrive que les parties fulphureufes font trop exaltés chez nous, ainfi qu'il arrive dans les Fiévres, l'un ou l'autre

des

des principes qui compofe un médicament de nature nitreuſe, étant précédemment adminiſtré, en apaiſe auſſi tôt ces émotions, & fait rentrer les parties fibreuſes dans la tenſion qui leur convient.

Les Qualités & Proprietés de ces Eaux.

COmme d'ordinaire l'on ne vient à la connoiſſance des choſes que par degrés, & qu'une expérience nous invite inſenſiblement à en faire une autre. Pluſieurs perſonnes incommodées ont commencé, ſur la réputation de ces Eaux, d'en aller boire ; elles en ont

C

trouvé des foulagemens en-
tiers ; elles lâchent le ventre
prefque à tous ceux qui en
boivent, elles ont aufli leurs
effets par la voye des urines,
ne caufent aucune infla-
tion dans l'eftomac, ni dans
les vifceres, & laiffent à tous
ceux qui en boivent un apetit
démefuré, nonobftant les éva-
cuations qu'elles leur font faire ; il y en qui en prennent
jufques à des dofes exceffives,
fans cependant en recevoir aucune incommodité.

Tous ceux qui ont une conf-
tipation de ventre avec chaleur
& ardeur dans les vifcéres, &
dans les reins, en reffentent un
foulagement prefent ; beaucoup de graveleurs par l'ufage
de ces Eaux ont jetté des pier-
res & de gros graviers ; des

filles qui depuis long-tems étoient incommodées de chlorofis & retention de l'évacuation dûë au fexe, en ont reçû un fecours prefent & prompt ; elles en ont recouvert leur teint vermeil & naturel, & beaucoup de femmes en les bûvant ont payé le tribut à la Lune avant le tems ; il eft à remarquer par là qu'elles feroient dangereufes pour les femmes enceintes. Plufieurs rateleux & mélancoliques à qui d'autres remédes, & même d'autres eaux n'avoient pû rien operer, s'en font trouvés entierement foulagés. Une Demoifelle étant dans un état defefperé d'un ilium ou miferére, avec les extrémités froides & fans poul, ayant pris de ces Eaux eut le ventre lâché & en fut guérie.

Une pauvre femme alittée depuis trois mois d'une tension & obstruction au foye, ayant bû de ces Eaux, en reçût un soulagement entier. Elles ont fait sortir à plusieurs personnes des quantités de vers, qui étant languisantes ignoroient la cause de leur maladie.

Elles conviennent parfaitement à toutes sortes d'obstructions du bas ventre. Monsieur Duchêne Medecin pour lors à la suite de Monseigneur le Duc de Bourgogne, passant icy, en a porté ce jugement. L'on en a fait l'Analyse en sa presence; elles ont guérit des Fiévres intermitentes de la derniere opiniâtreté; elles fondent insensiblement les humeurs tenaces & rébelles, & les évacûent à la suite, & l'on peut dire en

general que c'eſt une panacée
naturelle à laquelle il ne s'en
trouve guéres de ſemblables
dans l'art.

Et par une conſequence que
l'on peut légitimement tirer,
elles feront d'un grand fecours
pour cette maladie qui eſt aujourd'huy à la mode, fous le
nom de vapeurs, qui eſt commune aux hommes comme
aux femmes, que l'on peut apel-
ler auſſi le fleau des Medecins,
puiſque ces maladies éludent
preſque toûjours l'effet de nos
remedes, & que nous y per-
dons fouvent nôtre latin. Ces
maladies cauſées la plûpart par
un acide viſqueux qui réſiſte à
tous remedes, tant à raiſon de
l'opiniâtreté de fa cauſe, que
par la longueur qu'il faut à ces
mêmes remedes pour agir, &

dont les malades fe dégoûtent
bien-tôt, fouffrans des méteo-
rifmes cruels dans toutes les
parties du bas ventre, à quoy
ces Eaux pourront remedier
par leur qualité rafraîchiffante,
incifive & purgative ; puifque
l'on en peut ufer pendant long
tems & fans grand dégoût, ce
remede étant de ceux qui opere
comme demande Hypocrate.

Citò tutò & jucundè.

Plufieurs gens de marque qui
ont été à d'autres Eaux, ont
avoûé ingenuëment qu'ils n'en
n'ont point reffenti tant de
foulagement que de celles-cy.
On en pourroit faire une longue lifte, fi elle ne vous étöit
pas ennuyeufe ; il y a même à
prefent, que j'ay l'honneur de
vous écrire, des Etrangers de

qualité & de diſtinction qui en uſent. Un Avocat de Paris qui a reſté trois années à deux lieuës d'icy pour affaires, les a bû tous les trois ans pour d'anciennes obſtructions dans les hypochondres, & ne pouvoit aſſez les loüer. Un Vieillard de quatre vingt ans, incommodé de chaleur d'entrailles & de reins, accompagné de difficulté d'urine, ne pouvoit les quitter, diſant qu'il avoit trouvé un tréſor.

Enfin l'on peut tirer une juſte conjecture de leur bonté & efficacité, par le nombre exceſſif de ceux qui les vont boire, & qui (m'étant enquis de chacun en particulier) ſe loüent, on ne peut pas plus, de leurs effets. L'on y trouve tous les matins des gens de tout âge,

& de tout fexe, & de toute
condition, qui y vont, &
beaucoup de domeftiques qui
en vont chercher pour ceux
qui n'y peuvent pas aller.

Une autre preuve de leur
vertu eft, ce que je vous ay
déja dit des animaux, qui fem-
blent nous en avoir marqué
les qualités, qui, comme nous
avons fur eux la raifon, ont
auffi un inftint qui nous paffe
pour beaucoup d'utilités de la
vie. Virgile à ce fujet nous
marque que les chévres fauva-
ges étant bleffées, connoiffent
l'herbe qui eft le baume à leur
guérifon.

Non illa feris incognita capris,
Gramina cùm tergo celeres haftæ
fagittæ.

Je vous ay donné jufques icy,

Monſieur, une idée de nos Eaux, tant de leurs qualités, que de leur compoſition ; il faut à preſent que je vous mar-que la maniere de s'en ſervir, & en quel tems il faut les pren-dre.

✹✹✹✹✹✹✹✹✹✹✹§
✹✹✹✹✹✹✹✹✹✹✹❦

Maniere de s'en ſervir.

IL faut pour le faire ſurement & avec méthode, s'être pré-paré par les remedes generaux, qui ſont, la ſaignée & la purga-tion ; ſi le mal eſt conſiderable & invéteré, afin que les Eaux trouvant les voyes libres & dé-baraſſées, puiſſent paſſer avec plus de facilité, ne trouvant rien qui s'opoſe à leur action,

autrement elles pourroient augmenter le mal, en chariant trop l'humeur qui péche, & qui est en abondance & ne l'évacuant pas.

Que si on les prend pour quelque legére indisposition, l'on peut se passer de cette préparation ; il est à remarquer cependant qu'il faut peu souper la veille, & ne pas faire d'excés pendant le tems qu'on les prend, ni quelque tems aprés, si l'on souhaite d'en raporter le fruit que l'on en attend. Ces sortes de précautions s'observent par tout où l'on boit les Eaux, & même l'on a coutume de n'y pas faire maigre, pour plus grande sûreté, quand le mal l'exige ; & il ne faut manger que trois ou quatre heures aprés les avoir bûës.

Tems propre pour prendre ces Eaux.

LE tems le plus propre pour boire ces Eaux , eſt le tems de l'Eté, & même celui qui eſt le plus chaud. On peut les prendre depuis la fin de May, juſques bien avant dans Septembre , plus les jours feront beaux & fereins , plus elles auront d'éficacité ; & plus l'Eté fera fec , & meilleures elles feront , étant moins remplies d'eau commune , & participantes d'avantage des fels mineraux dont elles font chargées ; cependant j'ai connu des perſonnes de l'un & l'autre fexe , qui en ont uſé dans

des tems froids & pluvieux,
qui s'en font bien trouvés, &
en ont reçû un foulagement
confiderable.

Que fi vous me demandés
s'il eft néceffaire de les aller
boire à la fource, je vous di-
rai que ceux qui peuvent le
faire commodément en feront
mieux, d'autant qu'en les
tranfportant, elles perdent la
qualité qui leur confére cet
efprit & fel volatil, par lequel
elles communiquent la teintu-
re à la noix de galle, & qui
s'évapore facilement; cependant en les envoyant chercher tous les matins dans une
bouteille bien bouchée, elles
ne laiffent pas d'avoir de bons
effets, comme l'expérimen-
tent tous les jours les Religieu-
fes cloîtrées, & autres qui

n'ont pas la commodité d'y aller.

Quant à la dose que l'on en doit prendre, il est dificile de la déterminer ; un chacun a son temperament particulier, & doit s'éprouver là-dessus, ou consulter son Medecin ; l'on en prend ordinairement depuis une pinte jusques à quatre ; il y en a même qui ont excedé cette dose considerablement, & s'en sont bien trouvés. Si l'on répugne d'en prendre une si grande dose, l'on peut en faire extraire le sel, & le mêler avec les eaux, comme on fait ailleurs le sel Polycresce, elles agiront par ce moyen en petite quantité. Loin de nuire à l'estomach, elles y font du bien & le nettoyent des mau-

vais levains qu'elles y rencon-
trent, & donnent de l'apetit
à presque tous ceux qui en
boivent. Un Etranger qui
venoit de boire d'autres Eaux
pour un vomissement opiniâ-
tre, n'en ayant point reçû de
soulagement, en a été entierement guérit par la boisson
de celles-cy, & s'en est retour-
né en parfaite santé.

L'on en boit l'espace de cinq
à six jours, pour quelques le-
géres incommodités, & pour
les chaleurs d'entrailles qui
n'ont pas une source d'humeurs étrangeres ; mais pour
ceux qui ont des maladies ha-
bituelles & enracinées, il est
expédient qu'ils les prennent
quinze jours & plus, suivant
l'état du mal qu'ils auront.

On prend la dose que l'on

s'eft deftiné le matin à jeun,
en fe promenant & par plufieurs reprifes, environ l'efpa-
ce d'une heure & demie. Ceux
qui feront foibles & abattus,
les pourront prendre au lit;
on pourra même les faire chau-
fer comme au bain Marie, dans
un chaudron d'eau, fi l'on en
craint la fraîcheur.

C'eft la coutume de com-
mencer par une petite dofe,
pour accoutumer l'eftomach
& pafler infenfiblement à une
plus grande chaque jour, &
puis retourner à la premiere.

En tout cela il feroit expédient pour plus grande fu-
reté d'avoir l'avis d'un Medecin ordinaire, qui a connoiffance du temperament.

L'on peut lire à ce fujet uti-
lement le Livre de l'Auteur

des Eaux de Jouhe proche Dole, imprimé ces années paſſées, qui en a parlé avec beaucoup d'érudition & de politeſſe.

L'on a donné ces années paſſées un Traité dans le Mercure Galant des Eaux froides, à peu prés de la nature de celles cy, qui ſe ſont trouvées chez le Sieur Billet à Paris au Fauxbourg Saint Antoine, on y peut voir les prérogatives qu'on leur donne ; celles dont je vous parle ſont de cette nature.

Il eſt peu de Pays où il n'y ait quelques Eaux Minerales, il y en a même qui en abondent, & chacun vente les ſiennes, ayant chacunes leurs proprietés. Vernerus en ſon Traité des Eaux d'Hongrie, dit qu'il y a des Fontaines en ce Pays

Pays-là qui enyvrent ceux qui
en boivent.

Ovide en fait mention d'une
pareille, lorſqu'il dit :

Quam quicumque parum mode-
rato gutture traxit,
Haud aliter titubat quàm ſi
mera vina bibiſſet.

Quand même elles auroient
le goût du vin, elles ne ſe-
roient pas préferables à celles
dont je vous parle, puiſqu'elles nous conſervent le pré-
cieux tréſor de la ſanté.

Il ſeroit bon que le Public
ſoit informé de ces Eaux; un
bien de cette nature ne doit
pas être particulier, ni caché;
il eſt expédient que tout le
monde en profite, il n'eſt pas
à douter que la Renommée
ne le porte plus loin, & la

D

commodité du voisinage de cette Ville y sera d'un grand secours.

La Ville de Vesoul est dans la plus belle situation de la Comté, Ville Présidiale, & son premier Bailliage ; elle est posée dans un valon, au pied d'une colline qui en a peu de semblables, s'élevant insensiblement en figure pyramidale, & revetûë tout au tour de vignes. Elle a à ses pieds une longue prairie, qui fait une agréable perspective, elle est bornée agréablement, & d'une portée médiocre d'un rideau de collines, remplies de vignes, dont le vin est trés-exquis. A ses pieds serpente une riviere fort claire & poissonneuse, & à chaque défaut de collines, de bons Villages, qui fournissent en abondance les commodités de la vie. Les Habitans y font la plûpart gens d'efprit & de mérite, & font obligeans envers les Etrangers.

Je vous ay prémis, Monfieur, que nos Eaux faifoient déja bruit dans ce monde, on en a envoyé à Paris pour en faire l'Analyfe, par ordre de Monfeigneur l'Intendant. Le Mercure Galant en fait auffi l'éloge; je vous diray plus, qu'elles font encore du bruit dans l'autre Monde depuis leur ufage. L'Empire de Pluton deviendra défert, & peu de gens defcendront dans ces fombres demeures.

D'Efculape à nos jours la di-divine Science,
A découvert icy de merveilleu-fès Eaux,

Très - sûr Panacée, Remede à
tous nos maux,
Que l'on prend sans dégoût,
qu'on boit sans répugnance.

Pluton dans les Enfers, dit,
perdant contenance,
Nul ne descent icy, nul ne
vient du tombeau ;
Proserpine allarmée, luy dit
criant tout haut :
Grand Dieu ! cette fontaine est
celle de Juvence.

Caron sur sa nacelle, en est
au désespoir,
Et dit, pestant alors, & qui
pourra donc voir,
Aucun mortel enfin venir en ce
bas monde,
Il m'est bien douloureux & triste
qu'aujourd'huy,
Ma barque délaissée, voque
seule sur l'onde :

Que le Stix tant venté, soit le
fleuve d'oubly ?

Si je vous donne ces Vers ;
c'est pour vous desennuyer
d'une mauvaise Prose, s'ils ne
font pas de vôtre goût, vous ne
me ferez pas une grosse injusti-
ce; mais vous m'en feriez une
trés-sensible & trés-criante, si
vous doutiez avec combien
d'estime, de consideration &
de respect. Je suis, Monsieur,

Vôtre trés-humble & trés-
obéissant Serviteur,
BARBIER, D. M.

PERMISSION

De Monſieur le Lieutenant Général de Police.

PErmis d'imprimer. A Veſoul le vingt-neuviéme Août 1721. LYAUTEY.

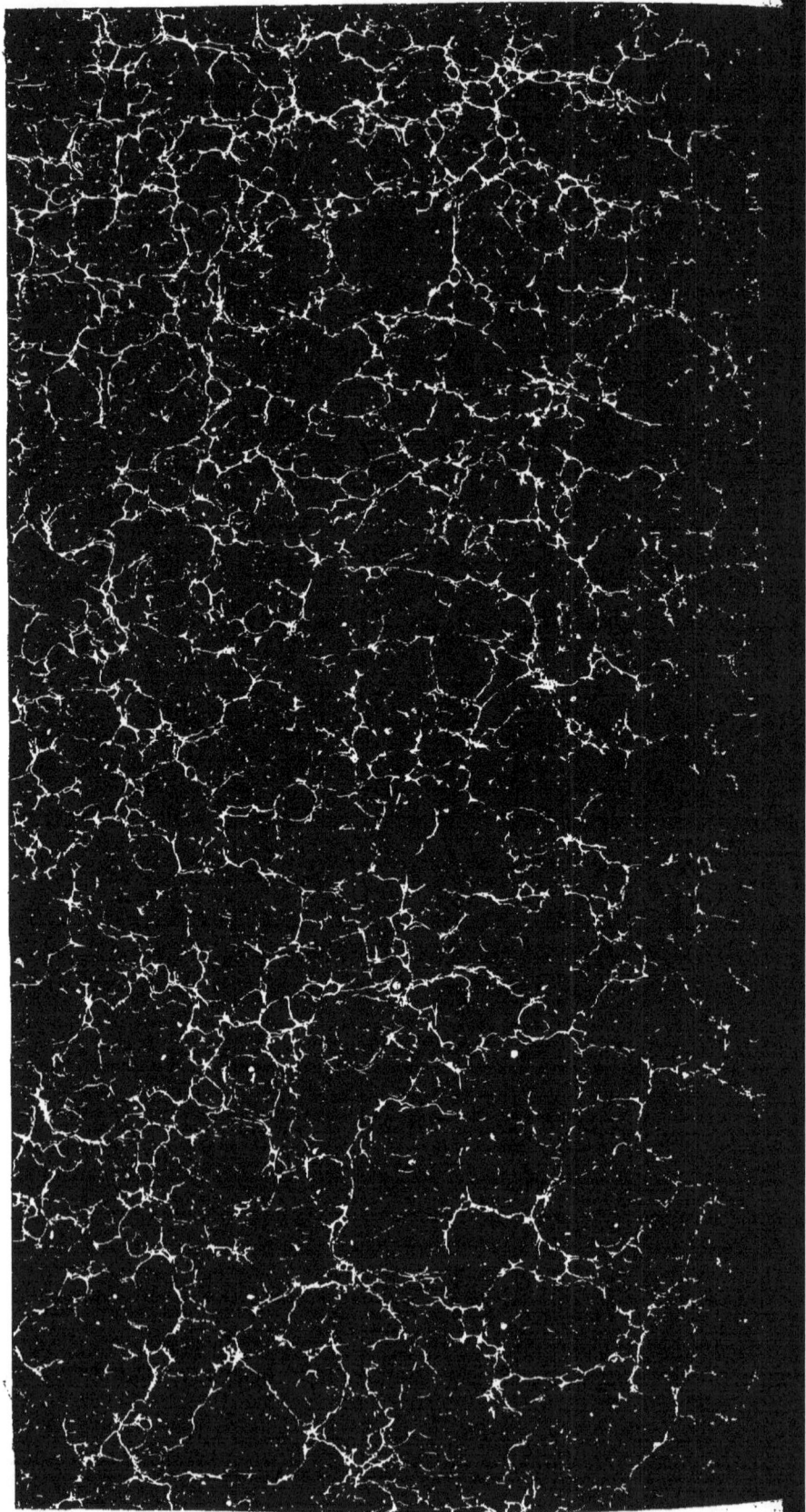

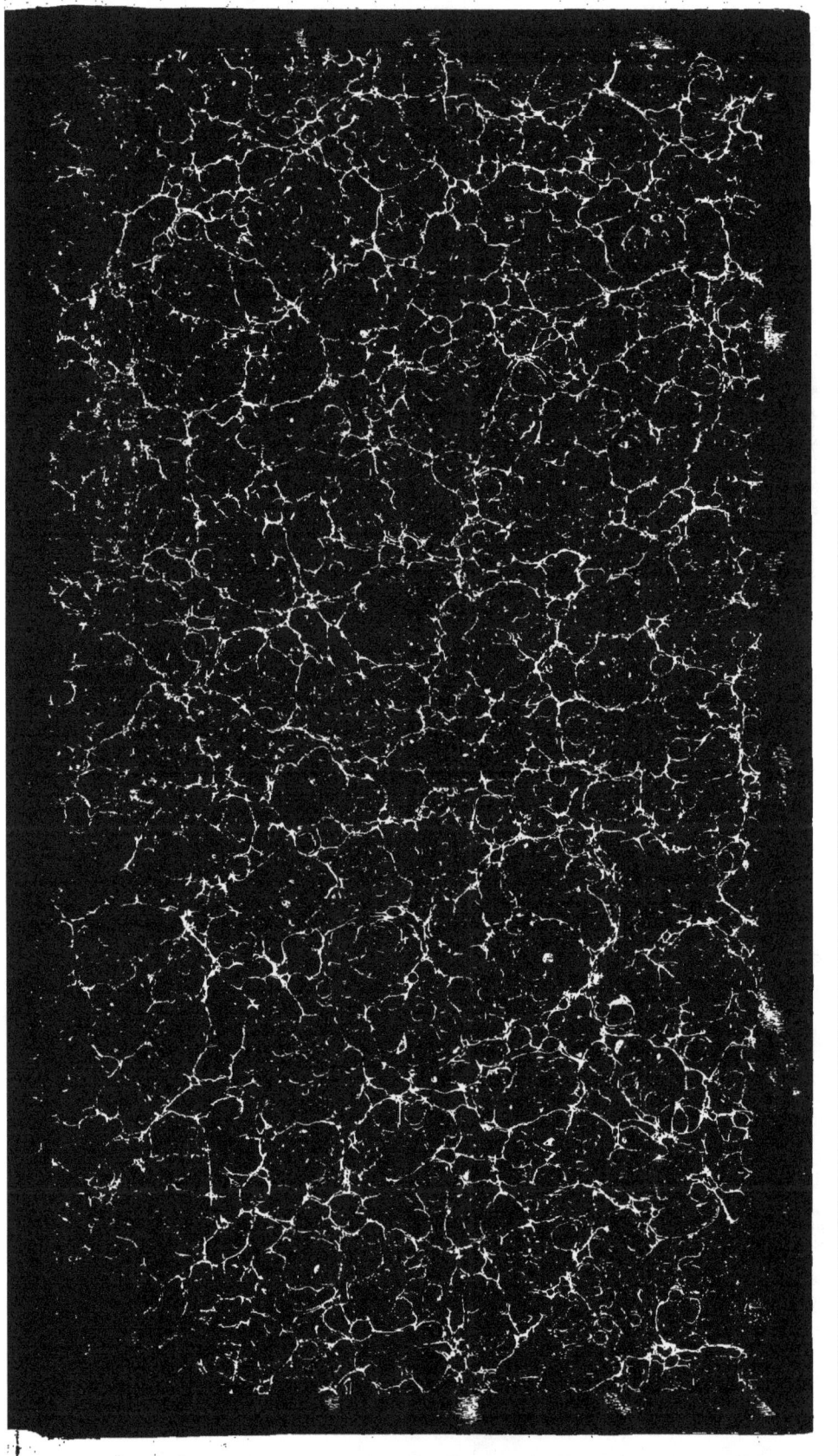

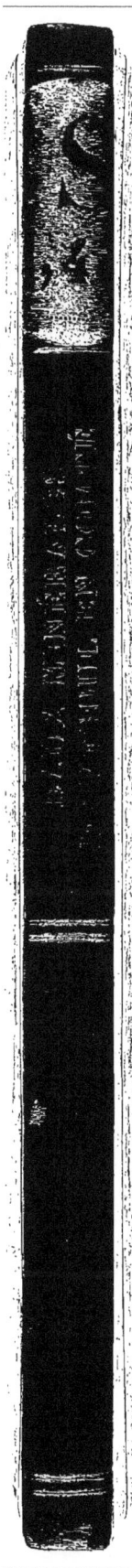